DE

L'ENGRAISSEMENT DU GROS-BÉTAIL.

COMICE AGRICOLE DU DÉPARTEMENT DE LA MARNE.

DE

L'ENGRAISSEMENT DU GROS BÉTAIL,

Par M. DECOSTE,

MÉDECIN VÉTÉRINAIRE, A SÉZANNE,

MEMBRE CORRESPONDANT DE LA SOCIÉTÉ D'AGRICULTURE, COMMERCE,
SCIENCES ET ARTS DU DÉPARTEMENT DE LA MARNE, ETC.

Si les cultivateurs s'occupaient de cette branche agricole, la France ne serait pas tributaire de l'étranger pour l'importation annuelle de 34,000 têtes d'espèce bovine, en moyenne, que l'on tire de l'Allemagne seulement, nos produits seraient plus nombreux et de meilleure qualité.
[Jacques de VALSERRES.]
[DECOSTE, rappor au Comice agricole, 1848.]

CHALONS,

IMPRIMERIE DE BONIEZ-LAMBERT.

1851.

DE

L'ENGRAISSEMENT DU GROS BÉTAIL,

Par M. DECOSTE,

MÉDECIN-VÉTÉRINAIRE, A SÉZANNE,

**MEMBRE CORRESPONDANT DE LA SOCIÉTÉ D'AGRICULTURE, COMMERCE,
SCIENCES ET ARTS DU DÉPARTEMENT DE LA MARNE, ETC.**

———— ◆ ————

> Si les cultivateurs s'occupaient de cette branche agri-
> cole, la France ne serait pas tributaire de l'étranger pour
> l'importation annuelle de 34,000 têtes d'espèce bovine, en
> moyenne, que l'on tire de l'Allemagne seulement, nos
> produits seraient plus nombreux et de meilleure qualité.
> (Jacques de VALSERRES.)
> (DECOSTE, *rapport au Comice agricole, 1848.*)

Les méthodes décrites, excellentes pour les localités où elles sont usitées, ne présentent néanmoins plus autant d'avantages dans d'autres lieux, ou même ne sont pas toujours praticables ; actuellement que l'engraissement à l'étable est en pleine activité, l'exposition des principes rationnels qui doivent diriger l'agriculteur dans cette branche importante de l'économie rurale pourra ne pas être sans intérêt.

L'engraissement a pour but la production d'une grande abondance de chair et de graisse, par le moyen d'une nourriture très substantielle, et, de cette manière, l'emploi profitable des fourrages.

Aussi longtemps que les bêtes ne reçoivent que peu de nourriture, aussi longtemps que la substance alimentaire est employée, soit à la production du lait ou à la répara-
tion des forces nécessaires pour un travail constant, la for-

mation de la graisse se réduit à peu de chose ; elle devient au contraire considérable par une nourriture abondante et substantielle, jointe à un repos absolu de l'animal à un âge où celui-ci a déjà acquis toute sa croissance.

La suppression de toute fatigue et l'absence de toute distraction qui puisse attirer l'attention de l'animal, des moyens débilitants, l'excitation quelquefois artificielle de l'appétit ; enfin, des aliments de plus en plus nutritifs augmentent à un tel point cette formation de chair et de graisse, qu'il s'ensuit un véritable état de maladie, dont la dernière période serait une mort naturelle, si notre intérêt n'exigeait pas qu'avant ce terme de vie l'animal finît à la boucherie.

Considéré sous un point de vue, l'engraissement offre l'occasion de réaliser et d'exporter les fourrages ; d'un autre côté, il est un moyen efficace d'obtenir une grande abondance d'excellent fumier ; et, en effet, dans aucun autre mode d'emploi de bétail, le fourrage et la litière consommés ne produisent autant et d'aussi bon fumier que dans l'engraissement ; aussi, à profits du reste égaux, cette industrie, par ce seul motif, mériterait-elle la préférence sur la laiterie ou l'élève, outre qu'elle a sur ces deux branches l'avantage fort grand d'une circulation plus prompte du capital.

Les règles principales à observer dans l'engraissement du bétail sont le bon choix des individus, la préparation et le choix judicieux des aliments, une transition convenable du système de nourriture, la suppression de toute influence fâcheuse qui pourrait troubler l'animal ; enfin, l'observation du moment le plus propice pour terminer l'engraissement.

Les animaux destinés à l'engraissement doivent présenter les conditions suivantes :

1° Ils doivent être dans un âge où ils ne croissent plus beaucoup ; mais d'un autre côté il ne faut pas que leur croissance soit terminée depuis longtemps.

2° Ils doivent préférablement avoir été châtrés dans leur jeunesse.

3° Il faut qu'ils soient parfaitement sains et qu'ils ne soient pas trop maigres.

4° Ils doivent avoir les formes et les signes qui indiquent

généralement dans les bêtes de la propension à prendre graisse.

1° Chez les individus trop jeunes et encore en pleine croissance, les aliments servent plutôt au développement du corps qu'à la formation de la graisse ; chez les bêtes trop vieilles, les organes de la digestion sont déjà affaiblis, la circulation est moins active, le tissu musculaire est plus dur, moins élastique, et le tissu cellulaire plus serré, plus sec et moins dilatable : l'âge qui convient le mieux est celui où les forces de l'animal sont le plus développées, de cinq à neuf ans.

Outre l'âge, le régime auquel a été soumis l'animal jusqu'alors influe beaucoup sur sa disposition à s'engraisser. Une mauvaise nourriture, surtout dans la jeunesse, un travail excessif et commencé trop tôt, une sécrétion trop abondante de lait proportionnellement à la nourriture et à la grandeur de l'animal, sont aussi des circonstances défavorables et qui détruisent plus tôt chez les animaux la faculté de s'engraisser ; cela explique comment il se fait que de vieilles bêtes s'engraissent quelquefois plus facilement que des jeunes. Cependant l'engraissement de bêtes trop jeunes est en général moins chanceux que celui des bêtes trop vieilles ; on engraisse par exemple avec avantage dans quelques pays, en Champagne particulièrement, des bêtes de trois à cinq ans ; néanmoins il est certain que plus l'animal est jeune, moins la chair en est ferme et pesante, et moins il se trouve de bonne graisse en proportion de la viande.

2° Le désir d'accouplement emploie toutes les forces de l'animal : aussi les bêtes chez lesquelles il se manifeste fréquemment sont-elles bien moins propres à l'engraissement que celles chez lesquelles on l'a détruit par la castration. La chair des taureaux, surtout de ceux qui ont été employés longtemps au service de la monte, est en outre fort grossière ; de telle sorte que, même lorsque ces animaux sont châtrés plus tard et engraissés, leur viande est toujours plus mauvaise que celle du bœuf ordinaire, excepté cependant dans le cas où ils n'auraient que peu sailli, et où ils auraient été employés après cette opération au moins une année au service de trait ou seraient encore restés à l'étable, intervalle pendant lequel leur chair se renouvelle en grande partie : c'est par ce motif, et parce qu'ils deviennent plus propres au travail, que l'on châtre déjà avant l'âge d'un an tous les individus mâles que l'on ne destine pas à la propagation de l'espèce.

Il est nécessaire de faire saillir les vaches qui entrent en chaleur pendant l'engraissement ; il est même à désirer qu'elles deviennent pleines, car cet état nuit beaucoup moins à l'engraissement, pendant les premiers mois de la gestation, que le renouvellement fréquent de la chaleur. La viande des jeunes vaches, engraissées après avoir mis bas une ou deux fois seulement, et avant d'avoir donné beaucoup de lait, ne le cède en rien à la viande du bœuf; elle est même plus tendre que cette dernière ; il en est de même des jeunes vaches taurellières, celles qu'on ne peut faire emplir ; leur chair est succulente et recherchée : ces jeunes bêtes s'engraissent plus facilement.

La mauvaise opinion que l'on a généralement de la viande de vache, provient de ce qu'on ne tue guère que de vieilles bêtes, usées par un long service : ces bêtes ont naturellement une mauvaise viande, qui ne peut être améliorée beaucoup par l'engraissement, attendu qu'elles s'engraissent assez difficilement.

Cette circonstance est souvent un sujet de perte pour les propriétaires, qui cherchent toujours à se défaire aussi avantageusement que possible des bêtes qu'ils réforment.

On remarque ordinairement, dans ce cas, que les meilleures laitières sont celles qui s'engraissent le plus mal, ce qui confirme le vieux proverbe : « Le lait et la graisse ne vont jamais ensemble. » Cependant on voit aussi des vaches qui, après avoir donné longtemps du lait en quantité, s'engraissent facilement, lorsqu'elles cessent de servir à cet usage. Ce sont surtout ces bêtes qui conviennent dans les grandes marcarreries, où l'on peut joindre la spéculation de l'engraissement à celle de la laiterie; on achète alors des vaches fraîches au lait (qui ont mis bas récemment); on les garde jusqu'à ce que la production du lait diminue notablement ; après quoi on les engraisse au bout de l'année : cette spéculation peut être fort avantageuse à proximité des grandes villes, et lorsqu'on a une brasserie ou une autre usine analogue dans l'exploitation.

3° Il est évident qu'un animal destiné à l'engraissement doit être en bonne santé : ce sont surtout les organes de la disgestion, et ceux de la respiration qui doivent être parfaitement sains , attendu qu'ils ont besoin de toute leur énergie pour que l'engraissement s'opère promptement et avec succès ; les premiers, à cause de la plus grande quantité d'aliments qu'ils ont à élaborer ; les seconds , à cause de la surabondance de sang plus riche et qui détermine une circulation plus forte, plus active chez les animaux qui , par un travail excessif ou par d'autres causes, ont souffert des organes de la respiration , s'engraissent avec difficulté et jamais bien ; en général on se trompe fort, lorsqu'on espère tirer par l'engraissement le meilleur parti possible des bêtes maladives , faibles , et en tout impropre à devenir grasses. On y perd doublement, car, après bien des dépenses de fourrage et de temps , la bête vaut à peine un peu plus qu'auparavant. Elle paie d'autant plus mal la nourriture qu'on la garde plus longtemps, tandis qu'une bête saine à sa place peut compenser la perte qu'on a éprouvée.

Les indices principaux d'une bonne santé chez le gros bétail , sont la vivacité de l'œil, la nature lisse du poil, la souplesse de la peau , un certain embonpoint , la régularité du pouls , la respiration libre , la rumination facile , la teinte franche, légèrement rouge des muqueuses apparentes.

L'état dans lequel il convient d'acheter les bêtes est un point très important et sur lequel les opinions sont partagées. Un bœuf maigre coûte moins que celui qui est déjà en chair ; mais si l'on considère, d'un autre côté, qu'on est moins sûr qu'il s'engraissera bien , et qu'on court d'autant plus de risque , sous le rapport qu'il est plus maigre qu'un autre, même dans le cas le plus heureux, son engraissement est toujours très long ; si l'on considère que des animaux pareils s'emploient avec plus d'avantages pendant quelque temps , les bœufs à un travail modéré, les vaches à donner du lait , et qu'au moyen d'une bonne nourriture payée en grande partie par ces produits , ils arrivent bientôt à un état où l'on peut espérer des chances favorables de l'engraissement ; si l'on considère, dis-je , toutes ces circonstances , le désavantage qu'il y a d'engraisser des bêtes entièrement maigres paraîtra démontré.

Fabvre « conseille de ne jamais entreprendre l'engraissement d'une bête à un degré très bas de maigreur, quand bien même elle serait, du reste, en bonne santé, » et l'on peut ajouter à un prix en apparence très modique.

4° Une condition bien importante de succès pour quiconque se livre à la spéculation de l'engraissement, c'est de savoir reconnaître, par l'extérieur de l'animal, la disposition qu'il a de s'engraisser facilement; car en observant avec attention les progrès d'un certain nombre de bêtes mises à l'engrais, on s'apercevra bien vite qu'à nourriture égale, elles n'augmentent pas toutes uniformément. La différence peut être telle, que de deux bêtes de poids égal, l'une exigera le double de fourrage de l'autre pour atteindre le même degré de graisse.

Les signes caractéristiques principaux d'un engraissement facile sont un corps cylindrique, large et long; une charpente osseuse plutôt fine que grosse, une peau souple, élastique et douce au toucher, recouvrant un tissu cellulaire lâche; la poitrine profonde, bien développée, les membres courts, écartés, grêles au-dessous des genoux et des jarrets, les hanches larges, une petite tête; l'animal doit avoir en outre un caractère doux et tranquille; il doit montrer un appétit bon et constant, sans avidité.

Voici la définition que donne Fabvre d'un bœuf à engraisser.

« Des formes agréablement arrondies et les chairs élas-
» tiques au toucher, des jambes minces, plutôt courtes que
» longues, un corps allongé, les flancs pleins, la côte ronde
» et un peu de ventre, une peau mince, souple, très mo-
» bile sur les côtes, avec le poil fin, court, peu touffu,
» bien lustré et de teinte légère; une queue mince, des
» fesses peu fendues et bien charnues, ce qu'on désigne en
» disant bien culotté; les reins larges et un jarret gros, un
» cou épais, plutôt court que long, un poitrail évasé avec
» les épaules rondes; une tête longue et fine, avec les yeux
» saillants, le regard vif, doux et assuré, des cornes minces
» et de substance fine presque transparente ou de couleur
» blanchâtre. La castration ayant eu lieu à la mamelle, le
» caractère doux et l'appétit bon; cinq ans faits, dont
» deux employés à un travail léger. Tel est le modèle idéal
» d'un bœuf à engraisser. »

D'après Bakewel, « la petitesse des os, une peau mince
» et une forme semblable à celle d'un tonneau indiquent
» la faculté de prendre la graisse promptement et avec une
» quantité de nourriture comparativement peu considé-
» rable. »

Voici les principaux caractères que l'on recherche en
Angleterre dans la race créée par le fameux Bakewel pour
la disposition à engraisser :

1° Que l'animal soit bas sur jambes ; il est rare qu'un
bœuf très bas sur jambes ne soit pas bien fait d'ailleurs ;

2° Que l'épine du dos soit droite comme une flèche et le
dos large et plat ;

3° Que le corps soit arrondi et aussi semblable à un tonneau que la direction parfaitement droite de l'épine puisse
le comporter ;

4° La poitrine de l'animal doit être large, de manière que
la partie antérieure du tonneau soit aussi considérable que
la partie postérieure.

Les signes contraires, c'est-à-dire une peau très épaisse
et surtout collée, serrée aux os, le poil piqué, rude et long,
un corps étroit, haut monté sur jambes, et des formes sail-
lantes, sont les indices certains d'une mauvaise disposition
à l'engraissement.

Si, joint à cela, l'animal se météorise (se biffe) plus
facilement et plus fortement que d'autres après avoir mangé, s'il montre peu d'appétit, ou s'il a peut-être même des
déjections liquides ou des accès de toux, la respiration
courte, une teinte pâle de la membrane de l'œil (conjonctive), on peut être convaincu que son engraissement sera
particulièrement long et difficile. Je ne chercherai pas à
décider si les robes claires sont préférables pour l'engraissement aux robes foncées, ainsi que le prétendent certains
auteurs ; cependant les robes à couleur franche annoncent
chez les animaux une meilleure santé.

Le bon choix des bestiaux présente des difficultés et demande beaucoup d'expérience ; le praticien même le plus
habile peut parfois y être trompé. Néanmoins, comme le
profit que l'on retire de l'engraissement dépend presque
entièrement de ce choix, il est indispensable pour celui

qui veut se livrer à cette spéculation, d'acquérir des connais-
sances précises dans l'appréciation du bétail.

Quant à la taille, il faut se régler avant tout sur la facilité que l'on a de vendre et d'acheter des bêtes grandes et
petites. Les bouchers, dans les petites villes et à la cam-
pagne, achètent plus volontiers des bêtes de petite taille ;
les bouchers des grandes villes et les marchands qui con-
duisent des bœufs au loin et surtout dans des lieux où ils
paient par tête un droit d'octroi élevé, recherchent au contraire des animaux de grande taille ; mais en général on doit
éviter les deux extrêmes sous ce rapport ; la nourriture que
consomment des bêtes de taille énorme, appliquée à des
bêtes moyennes, procurera presque toujours plus de profit.

D'un autre côté, le bétail très petit peut souvent ne
devoir cette petitesse qu'à un vice d'éducation ou de régime
alimentaire, et, dans ce cas, doit être nécessairement moins
propre à l'engraissement.

Parmi le choix des bêtes à engraisser, il est une autre
considération qui, d'après M. Rolland aîné, ancien boucher
à Paris, mérite de fixer l'attention. « Un bœuf en débit,
» dit cet honorable commerçant, se découpe en divers
» morceaux, portant différents noms et variant de valeur.
» Il faut, pour qu'un bœuf soit bien conformé, que dans
» son rendement en viande il fournisse en majeure partie
» la viande de bons morceaux. Il y a dans ce fait profit
» pour l'éleveur, l'engraisseur, le boucher et le consomma-
» teur. Cela n'exclut en rien la condition du prix modéré
» ni même du bas prix ; au contraire, tout animal bien
» conformé se nourrira et s'engraissera à meilleur marché
» qu'un autre. Le grain de viande, quand il a le degré de
» finesse comme celui de la race cotentine, peut permettre
» au boucher de débiter comme morceaux de première
» qualité des morceaux de seconde, et comme morceaux de
» seconde des morceaux de troisième.

» Le problème de l'amélioration de toutes les races fran-
» çaises se réduit donc à conserver ou acquérir un grain de
» viande fin avec une conformation riche en bons morceaux.
(*Voir les planches* 1re, 2e *et* 3e *à la fin du mémoire*).

Méthode d'engraissement.

Le choix et l'assortiment des différentes substances alimentaires, leur préparation et la manière de les employer constituent différentes méthodes d'engraissement, qui toutes néanmoins doivent se baser sur les principes généraux de la nutrition, si l'on veut en obtenir du succès dans l'engraissement.

Sous certain rapport, l'engraissement est une aberration des principes de la conservation de la vie, car les animaux sont mis par là dans un état contraire à la nature. Il est d'autant plus essentiel, par ce motif, de ne s'écarter de ces principes que jusqu'à ce qu'il faut pour atteindre le but désiré.

Volume des aliments.

Les bêtes à l'engrais consomment une bien plus grande quantité d'aliments que les autres. Or, comme elles doivent les digérer parfaitement, il sera prudent, dans l'augmentation du volume, de tenir compte des qualités nutritives de la nourriture, sans quoi les organes de l'animal se trouveraient fatigués, et il en résulterait des maladies au lieu de l'engraissement.

Un célèbre agriculteur, M. Block, a fait sur ce sujet des expériences, d'où il résulte qu'une vache de moyenne taille a besoin, par jour, d'une nourriture qui, avec le degré nécessaire de faculté nutritive, ait un volume de 2,7 pieds cubes en hiver, et de 3,3 pieds cubes en été (avec des fourrages verts et de la paille). Un quintal de foin se réduisant par la pression à un volume d'environ douze pieds cubes, il s'ensuivrait qu'on aurait besoin, sous le rapport du volume et pour une bête de cette taille, de vingt à vingt-cinq livres de foin, quantité également convenable sous le rapport de la faculté nutritive pour l'entretien d'un animal pareil. Si on veut l'engraisser, on lui donnera donc le surplus, non pas en foin, mais en aliments qui, sous un même volume, renferment beaucoup plus de valeur nutritive.

Préparation et changement des aliments.

La digestion doit être secondée par une préparation convenable des fourrages, en les faisant hacher, tremper, cuire ou fermenter. Ces différentes manières conviennent à l'engraissement, parce que les aliments traités ainsi favorisent d'une manière toute particulière la digestion.

Ces substances demandent moins de force et de fatigue de l'appareil de la mastication pour les préparer à être élaborées par les organes digestifs qui se trouvent dans de meilleures conditions pour en extraire tous les principes alibiles et servir plus amplement à la formation de la graisse.

Un changement et une variation convenables dans les aliments ou même seulement dans la préparation d'une même substance contribuent aussi puissamment à l'engraissement en excitant l'appétit de l'animal.

Heures de distribution de la nourriture.

Donner peu d'aliments à la fois, ils profitent mieux et il n'y a pas de gaspillage ; en quantité suffisante, mais jamais telle que l'animal puisse manger jusqu'au dégoût, est une règle des plus importantes dans la nourriture de tous les bestiaux, mais plus importante encore dans celle des bêtes à l'engrais, à tel point que si l'on ne suivait pas cette méthode de distribution avec un zèle soutenu, on ne pourrait compter sur un résultat avantageux dans l'engraissement du bétail. On tomberait néanmoins dans un extrême tout aussi préjudiciable, si l'on voulait donner à manger sans interruption. Les animaux ruminants ont besoin à chaque repas de remplir leur panse (premier estomac) jusqu'à un certain point, après quoi il leur faut un long intervalle de repos pendant lequel, le plus souvent couchés, ils puissent ruminer (rebroyer, mâcher) à leur aise. Le repos leur est indispensable, si l'on veut que la nourriture leur profite. Il suffit de donner trois fois, ou tout au plus quatre fois par jour à manger. Dans quelques contrées où l'engraissement des bœufs est pratiqué avec beaucoup de succès, on ne donne à manger que deux fois par jour, à six heures du matin jusqu'à huit , et à trois heures de l'après-midi jusqu'à cinq, après quoi on ferme la porte, et personne n'entre plus à l'étable.

Transition de la nourriture.

L'expérience, aussi bien que le raisonnement, indique assez que cette transition doit s'opérer peu à peu , et je regarde comme mal fondés les principes de certains engraisseurs qui veulent que dès le début on force sur la nourriture, afin , disent-ils , d'activer davantage les organes de la sécrétion.

Un autre fait non moins avéré par l'expérience , c'est que dans le commencement , les bêtes à l'engrais se contentent de toute espèce d'aliments ordinaires et augmentent plutôt en chair qu'en graisse ; qu'au contraire plus tard , lorsqu'elles ont acquis un certain degré d'embonpoint , il faut une nourriture plus recherchée et en particulier des aliments renfermant plus de substance nutritive sous un moindre volume , si l'on veut qu'elles continuent à faire des progrès dans l'engraissement.

On a remarqué en outre que les fourrages grossiers influent particulièrement sur la formation de la viande , tandis que d'autres substances telles que les racines qui contiennent du mucilage, de l'huile, de la fécule changée par l'effet de la fermentation comme le grain , les tourteaux d'huile , les drèches des brasseurs , etc., influent davantage sur la formation de la graisse.

De ces divers faits , il résulte la règle suivante pour le régime convenable à suivre chez une bête qui , comme cela a lieu ordinairement, se trouve dans un état moyen de maigreur , lorsqu'on commence à l'engraisser.

Dans les premières semaines de l'engraissement , on augmentera peu à peu la nourriture que la bête a eue jusqu'alors (foin , fourrage , paille , etc.) , en y ajoutant une boisson nourrissante. Lorsqu'on a atteint le point où l'animal ne se soucie plus d'une augmentation de cette nourriture et qu'il dénote un accroissement marqué, on ajoutera à sa nourriture des aliments plus substantiels et agissant davantage sur la production de la graisse. A mesure que les bêtes deviendront grasses, on supprimera peu à peu une partie des fourrages grossiers, et on les remplacera par des aliments plus nutritifs : grain cuit, soupe de racines avec le grain cassé, le son farineux, etc.

Quand au contraire on engraisse des bêtes qui sont déjà en chair, on conçoit qu'il est plus avantageux de débuter incontinent par la ration entière de l'engraissement, sans avoir besoin du régime transitoire; car il ne faut pas oublier que les animaux n'emploient à la formation de la graisse que le surplus des aliments qui leur sont nécessaires pour persévérer dans leur état : d'où il suit qu'un engraissement prompt est plus avantageux que celui qui est tiré en longueur.

Je passe maintenant à la description des principales méthodes d'engraissement, basées sur les diverses substances alimentaires qui y sont particulièrement employées; il est entendu qu'aucune de ces substances n'est donnée seule, mais qu'elle compose seulement la partie essentielle de la nourriture.

Chacun jugera, d'après les circonstances et la localité où il se trouve, laquelle de ces méthodes est la plus profitable pour lui.

Engraissement avec des fourrages secs.

Le foin des prairies naturelles influe peu sur la formation de la graisse; d'ailleurs, il en faut un trop grand volume pour former la quantité de parties nutritives nécessaire à l'engraissement; une addition de bon regain artificiel, en supprimant une partie du foin, améliore la nourriture.

Dans tous les cas, une bonne préparation du fourrage est indispensable avec ce mode de nourriture; une partie au moins doit être hachée et humectée avec de l'eau salée; quelques auteurs conseillent d'employer le foin brun (foin mis en tas lorsqu'il n'est encore qu'à moitié sec); et, en effet, ce fourrage est très propre à l'engraissement, ayant subi sa fermentation et renfermant plus de parties nutritives sous un volume bien moindre que le foin ordinaire.

Le foin salé, c'est-à-dire celui auquel on a mêlé du sel au moment où on l'entasse dans le grenier ou en meules, serait, d'après certains engraisseurs, supérieur à l'autre pour la nourriture des bestiaux.

Les foins des prairies artificielles sont supérieurs et généralement estimés pour l'engraissement. D'après Fabvre, le sainfoin serait le meilleur fourrage sec pour les bêtes soumises à l'engrais, surtout lorsque l'on donne en même temps des aliments liquides, tels que drèches, etc., parce que ces fourrages ont la propriété d'exciter la soif.

Thaer suppose qu'un bœuf de moyenne taille, qui consomme journellement quarante livres de foin naturel et regain, augmente par jour de près de deux livres : une addition d'un peu de grain dans la seconde période de l'engraissement se paiera certainement par un accroissement plus rapide et une plus grande quantité de graisse.

Du reste, une addition de fourrages secs est utile ou même souvent indispensable dans tous les autres modes d'engraissement.

Engraissement avec des fourrages verts.

On peut aussi engraisser avec du trèfle, de la luzerne ou autre fourrage vert qui ne contient pas trop de sucs aqueux ; néanmoins, avec cette nourriture employée seule, on ne peut jamais pousser ses bêtes qu'à un degré médiocre de bonne graisse.

En général, il est toujours chanceux de donner au bétail la quantité d'aliments verts nécessaire pour les engraisser ; car il est à craindre, d'une part la météorisation ; de l'autre, des affections des voies digestives : accidents qui tous deux retardent de beaucoup l'engraissement.

On remplacera, par ce motif, avec beaucoup d'avantage, une partie du vert, quand même ce serait la plus petite, par du foin ou autre fourrage sec, et même par de la paille que l'on mêle hachée aux fourrages verts. On atteindra encore mieux le but en ajoutant une boisson nourrissante faite, soit avec du grain moulu, du son, soit avec des tourteaux d'huile. Le fourrage sec devra entrer dans la proportion de quatre à cinq livres de vert pour une livre de sec.

Dans le pays vignoble, les bourgeons de vignes pourraient être employés d'une manière plus profitable et moins dangereuse à la nourriture des bestiaux. Dans les années de sécheresse, ces jeunes pousses sont très échauffantes ; dans les années humides elles contiennent beaucoup d'eau de végétation. Sous ces différents rapports, le fourrage demande à être donné avec précaution.

Afin d'annuler ses mauvais effets, on doit le hacher, puis le soumettre, dans des baquets, à la fermentation ; et avant de le distribuer aux animaux, le mélanger de menue paille, de siliques, de navette, de paille hachée, de gros sons, etc.

Ce régime, très nourrissant, donnerait une alimentation plus convenable aux bêtes soumises à l'engrais ; administré de cette manière, on pourrait facilement avec la même quantité de bourgeons nourrir un plus grand nombre de bestiaux et les maintenir dans un embonpoint plus parfait.

Cette nourriture n'occasionnerait plus ces accidents causés par les bourgeons donnés sans aucune préparation ; les tympanites, si fréquemment amenées par l'excès des aliments et qui nécessitent presque toujours la ponction du rumen (panse), ne seraient plus à redouter.

Engraissement au pâturage.

Dans les contrées où l'on possède de bons pâturages, et où l'on s'entend à les bien entretenir, on est dans l'usage de s'en servir à l'engraissement du bétail, et, lorsqu'ils sont d'une qualité supérieure, les bêtes y acquièrent un haut point de graisse.

Il s'entend que les pâturages qui produisent une nourriture abondante peuvent seuls être employés à cet usage ; ces pâturages sont naturels ou artificiels.

Selon la nature des pâturages et l'état dans lequel se trouve le bétail au moment où on l'y met, on peut changer ce dernier une ou deux fois dans l'espace d'un été ; et l'on compte de dix à vingt semaines pour l'engraissement complet d'un bœuf. Dans des cas extraordinaires, et lorsque le bétail est déjà en bon état au début de l'engraissement, on peut emboucher jusqu'à trois fois, depuis le printemps jusqu'en automne.

Quant aux soins à donner aux bestiaux, on leur procurera les abris nécessaires pendant le mauvais temps ; on évitera tout ce qui peut les distraire et les troubler. On n'embouchera que lorsque l'herbe a au moins la hauteur de la main ; on donnera au bétail déjà gras les parties où l'herbe est la plus haute : celles qu'il quitte seront données au bétail en chair, qui, de son côté, abandonnera au bétail maigre, nouvellement acheté, les places où il se sera nourri jusqu'alors.

On divisera les pâturages en autant de parcelles séparées que possible.

On procurera au bétail l'occasion de se frotter, car l'excitation qui en résulte à la peau est, selon quelques engraisseurs, très favorable à la formation du tissu graisseux ; de là aussi le bon effet des frictions et du pansement à la main dans l'engraissement du bétail.

Il s'entend qu'il ne doit pas manquer d'eau pour boire.

Dans quelques pays, on se sert du pâturage au piquet, chaque bête est attachée au moyen d'une longe de corde à un piquet planté en terre, et que l'on transporte d'une place à une autre, à mesure qu'elle a mangé.

Engraissement avec des racines.

Toute espèce de racine alimentaire est propre à servir à l'engraissement du bétail ; mais pour employer ces aliments avec avantage, il ne faut pas qu'ils forment plus de la moitié de la nourriture ; le reste doit se composer de fourrages secs, et, s'il est possible, d'une petite quantité de grain. En ne donnant que de la paille avec les racines, on ne pousse les animaux qu'à un degré médiocre de bonne graisse ; on arrivera plus loin avec du bon foin ou du bon regain, tout en supposant qu'on donne encore en même temps un peu de paille hachée mélangée avec les racines. Au moyen d'une addition de grains, surtout vers les derniers temps, afin de favoriser la formation du tissu graisseux, on pourra produire des animaux fin gras.

On doit faire subir aux différentes racines des préparations variées, qui tendent à les rendre plus propres à l'engraissement. La plus simple consiste à les hacher toutes les fois qu'elles sont trop grosses.

C'est ainsi que l'on fait ordinairement consommer la betterave, les carottes, les différentes espèces de raves, le turneps, le rutabaga; quelquefois on leur fait subir un certain degré de cuisson. En Alsace, dans quelques contrées, on les fait aigrir à la manière de la choucroute. Ce procédé s'emploie plus particulièrement pour les gros choux. Les pommes de terre, lorsqu'elles entrent pour beaucoup dans la nourriture, doivent avoir subi un certain degré de cuisson; données de cette manière, elles favorisent beaucoup plus l'engraissement. Les pommes de terre crues, consommées en forte proportion, causent des accidents dans les organes digestifs par leur quantité d'eau de végétation qu'elles contiennent, rendent les tissus mous, et les prédisposent à la pourriture (cachexie aqueuse). Une méthode que je recommande depuis longtemps, qui est facile et peu coûteuse, c'est, à la sortie du pain du four, d'y jeter une certaine quantité de pommes de terre; cette chaleur suffit presque toujours à extraire l'excès d'eau de végétation qui est nuisible aux bêtes soumises à ce régime.

Quelques engraisseurs ne les font cuire qu'à moitié; c'est ce qu'ils appellent leur enlever leur crudité, et les rendent moins dangereuses pour les animaux qui s'en nourrissent.

Les bouchers estiment peu la chair et la graisse d'animaux engraissés principalement avec des pommes de terre; ils préfèrent celle des bêtes engraissées avec d'autres racines.

Un mélange de ces racines convient assez aux animaux soumis à l'engrais.

Thaer compte qu'un bœuf peut recevoir par jour :

	Au commencement de l'engraissement.	Vers le milieu de l'engraissement.	A la fin de l'engraissement.
Racines..............	30 livres,	45 livres,	20 livres.
Regain..............	15 —	15 —	20 —
Grain cassé ou moulu..	6 —	10 —	15 —
Paille..............	5 —	5 —	5 —

Au moyen de cette nourriture, de gros bœufs, passablement maigres, se sont engraissés parfaitement dans douze ou quinze semaines.

On peut augmenter cette ration de racines, et même la doubler pour les bêtes de grande taille.

Engraissement avec des résidus.

Les résidus de brasseries et de distilleries de grains ou de pommes de terre ne peuvent, dans la plupart des cas, être mieux employés qu'à l'engraissement du bétail. Les aliments liquides conviennent en général aux bêtes à l'engrais ; mais il leur faut en même temps des fourrages secs. Une partie de ces derniers, foin et paille, peut se donner entière ; l'autre est coupée et mêlée aux résidus. Lorsque ce sont des résidus de distilleries, on opère ce mélange pendant que ceux-ci sont encore chauds, et on laisse le tout tremper l'espace d'une demi-journée ; de cette manière les fourrages secs, en se ramollissant, deviennent plus nutritifs.

Un bœuf de moyenne taille peut consommer chaque jour soixante-dix à quatre-vingts litres de résidus de distillerie, provenant d'environ trente-cinq à quarante livres de grain, ou de cent vingt à cent quarante livres de pommes de terre.

La valeur nutritive des résidus dépend non seulement des matières employées, mais aussi des procédés ; elle est d'autant plus grande, que la fermentation, la distillation ou le brassage ont eu lieu plus imparfaitement.

On donnera, en outre des résidus, quinze à vingt livres de foin et paille, dont une partie sera hachée et trempée, l'autre entière. Au lieu de foin, on peut aussi faire tremper des graines de fourrage, des balles de céréales, des siliques de navette, de colza, etc.

Les bœufs nourris avec des résidus de distillerie, quoique devenant très gras, ont ordinairement la chair et la graisse peu fermes, et sont peu propres à être conduits au loin. On obvie à ces défauts, en leur donnant, vers les derniers temps, moins de résidus, que l'on remplace par du bon regain et un peu de grain cassé.

Les résidus de brasserie (la drèche) sont préférables à ceux de distillerie, parce qu'ils contiennent plus de substance solide, qu'ils proviennent de grain germé, et qu'ils ne sont pas aigres. Ils le deviennent toutefois, lorsqu'on veut les conserver ; c'est ce qui a lieu dans le nord de la France et chez quelques nourrisseurs de Paris.

On met alors les résidus dans des espèces de citernes pour

les employer au besoin ; on doit éviter de donner au bétail autant de ces résidus conservés, à cause de leur acidité. On regarde les résidus provenant d'une livre de grain germé (malt) comme équivalent à une livre de foin. Un bœuf à l'engrais peut consommer par jour trente-six à quarante-cinq livres de grain germé avec douze à quinze livres de fourrages secs.

Les résidus de fabriques d'amidon sont très nutritifs, et par conséquent un bon moyen d'engraissement ; mais ils demandent à être donnés avec précaution.

L'emploi de ces diverses substances exige, du reste, la plus grande propreté et les plus grands soins. On ne doit jamais mettre de nouveaux résidus, soit dans les vaisseaux où on les conserve, soit dans les mangeoires des animaux, avant d'avoir enlevé ce qui reste des anciens, et d'avoir bien nettoyé ces vaisseaux. On aura même la précaution d'y passer de temps à autre de l'eau de chaux, pour enlever toute acidité.

Engraissement avec du grain et des tourteaux d'huile.

Ces substances sont regardées avec raison comme les aliments qui favorisent le plus la formation de la graisse. Toutefois, il est avantageux de n'en composer la majeure partie de la nourriture des animaux que lorsque le prix en est bas, et que celui des bêtes grasses est élevé.

S'il y a avantage réel à engraisser des animaux presque uniquement avec des grains et des tourteaux, il y a avantage dans tous les cas, et avec presque tous les modes d'engraissement, à les donner comme addition aux autres aliments, surtout vers les derniers temps.

Plus le grain est pesant et riche en albumine, en gluten, plus il est propre à l'engraissement. Outre les céréales, le maïs, les féveroles, les pois, les vesces conviennent par cette raison spécialement à cet usage.

Les bons effets des grains dans l'engraissement dépendent encore davantage de la préparation qu'on leur fait subir ; le plus simple consiste à les faire moudre, casser. On les mélange alors à de la paille ou des fourrages hachés, des racines ou autres aliments ; une partie peut aussi être délayée dans l'eau avec du sel (60 à 90 grammes par tête et par jour). Ces deux méthodes peuvent s'employer simultanément, lorsqu'on donne en même temps une ration suffisante de fourrages secs. Néanmoins, si la portion de grain est très forte, il vaut mieux ne pas tout faire consommer de cette manière, mais en faire cuire ou fermenter une partie. Les grains, jusqu'à ce qu'ils crèvent, offrent une nourriture très agréable au bétail et d'une digestion facile, condition indispensable à la nutrition et à l'engraissement prompt. On peut employer en même temps l'eau qui a servi à les cuire pour faire tremper du fourrage coupé ; on tirera certainement de cette manière le meilleur parti possible de la nourriture avec des grains, sans compter que la cuisson, principalement par la vapeur, est souvent moins chère que la mouture.

Le grain mis en pâte et fermenté à l'instar de la pâte qui sert à faire le pain, est regardé par les engraisseurs de l'Alsace, du Limousin et de plusieurs autres contrées comme moyen efficace d'engraisser le bétail. On délaie à cet effet, chaque jour, le grain moulu avec de l'eau tiède, de manière à en faire une pâte épaisse, à laquelle on ajoute du levain. On peut y ajouter des pommes de terre et autres racines cuites au bout de vingt-quatre heures (temps suffisant à la fermentation). On délaie la pâte avec de l'eau tiède, et on la donne au bétail, partie comme boisson, partie comme nourriture mélangée avec des fourrages hachés.

On aura soin, avec cette méthode, de tenir les baquets et les mangeoires très propres, sans quoi ils prennent un mauvais goût et une odeur repoussante. Il est en outre bon d'alterner, de temps à autre, la nourriture aigre avec une nourriture non fermentée.

Le grain germé (à la manière des brasseurs), le grain pétri et cuit comme le pain, engraissent parfaitement le bétail, et des expériences renouvelées tendraient à faire croire que la valeur nutritive plus grande, qu'acquiert le grain par ces préparations, compense, dans la plupart des cas, les frais qu'elle occasionne.

Lorsque le grain compose la nourriture principale des bêtes à l'engrais, il en faut, à un animal d'environ six à sept cents livres de chair nette, de quinze à vingt-cinq livres par

jour avec un poids égal de fourrages secs (foin et paille),
en partie haché et mêlé au grain d'une manière ou d'une
autre. Selon quelques engraisseurs, avec cette nourriture,
on peut compter sur un accroissement très grand.

Les tourteaux d'huile ne sont pas moins précieux que le
grain pour l'engraissement des bestiaux, surtout comme
assaisonnement des fourrages plus grossiers et hachés, les
menues pailles, les siliques de navette, de colza, le gros
son de froment, etc. Néanmoins, on peut les employer en
assez forte proportion, et en faire consommer à une bête
jusqu'à quinze livres, en partie écrasés et mélangés, soit avec
des fourrages hachés, etc., et en partie délayés dans de
l'eau comme boisson. On suppose naturellement, outre
cette nourriture, la quantité de fourrages secs et autres nécessaires pour remplir convenablement le rumen et faciliter
l'acte de la rumination.

Les tourteaux de lin sont généralement regardés comme
meilleurs que ceux de colza et de navette, les tourteaux de
noix sont aussi regardés comme excellents.

Quelques engraisseurs prétendent que les tourteaux donnés
sans mélange et en assez grande quantité, communiquent
à la graisse une nuance jaune. C'est à l'expérience à con-
firmer.

Dans les pays où les glands et les marrons d'Inde sont
en grande quantité, on les fait servir à l'engraissement.

Ces substances, par leurs qualités astringentes, obligent
à donner aux animaux qui s'en nourrissent des boissons
rafraîchissantes, des racines, comme betteraves et autres.

Pour donner ces substances, il suffit de les concasser et
de les mettre tremper, et on les donne avec des fourrages
hachés, du son, etc.

Le gland, pendant un jour ou deux trempé dans l'eau,
perd une partie de son amertume.

Quantité nécessaire d'aliments.

Déterminer la quantité d'aliments nécessaire à une bête
d'après son poids est chose d'autant plus difficile que cette
quantité dépend non seulement de la préparation et du mélange des différentes substances alimentaires, mais encore

des soins que l'on donne à l'animal, de même que de la disposition qu'il a à s'engraisser.

En supposant du reste toutes les circonstances favorables, on ne peut jamais admettre que comme approximatif, le calcul d'après lequel une bête peut s'engraisser parfaitement et aussi promptement que possible.

D'après certains engraisseurs, un bœuf en état ordinaire de service a besoin, par jour, pour chaque quintal qu'il pèse en vie, de deux livres et demie de foin, ou l'équivalent en autre aliment.

Cependant, à l'exception de quelques localités privilégiées sous le rapport de la qualité des fourrages, ce chiffre est trop bas ; mais dans la plupart des cas, trois livres de foin seront nécessaires pour chaque quintal du poids vivant de l'animal : il suivrait de là que, dans l'engraissement, cinq livres de foin seraient nécessaires pour le même poids vivant de cent livres.

Un autre calcul employé dans plusieurs contrées est qu'un bœuf, pour arriver de l'état maigre à un bon point d'engraissement, a besoin d'autant de nourriture qu'une vache de la même espèce pendant toute l'année, pour persévérer dans un état moyen, en donnant son produit ordinaire de lait. Du reste, les règles qui viennent d'être données sont des généralités que le cultivateur pourra prendre pour point de départ dans ses opérations, mais qu'il modifiera selon les circonstances.

Moyens d'activer l'engraissement.

On doit compter parmi ces moyens 1° la castration ; 2° le sel, les substances amères ; 3° l'eau-de-vie ; 4° les saignées ; 5° l'obscurité des étables, 6° la propreté, etc.

Ce n'est seulement que depuis le commencement du dix-neuvième siècle qu'un agronome américain, Thomas Winn, par le procédé de castration des vaches, est arrivé, non seulement à conserver des vaches bonnes laitières, mais encore à faciliter l'engraissement.

S'il faut s'en rapporter à plusieurs auteurs, ces bêtes opérées auraient l'avantage de prendre graisse plus vite, de donner à l'alimentation une chair plus succulente et plus savoureuse.

Ces femelles, ne jouissant plus des organes de la fécondation, seraient privées des époques des chaleurs, qui sont toujours très préjudiciables aux femelles soumises à l'engrais. Souvent le propriétaire se trouve dans la nécessité de faire emplir les femelles qui entrent en chaleur, afin de finir l'engraissement.

Ces changements survenus après l'opération auraient encore cet avantage de rendre les bêtes plus douces, moins tourmentées par le temps des chaleurs, d'arriver à l'engraissement plus vite et avec moins de frais de nourriture.

Sous ce rapport, et sous celui de la meilleure qualité du grain de viande, il est à regretter que ce procédé opératoire ne soit pas plus mis en pratique chez les bêtes disposées à l'engrais.

L'engraissement des vaches après la castration est d'un résultat inconstestable, reconnu depuis longtemps par les agronomes qui ont traité ce sujet, principalement en Angleterre, en Allemagne, en Suisse, aux États-Unis, en France.

Depuis plusieurs années, les nombreuses expériences faites par M. Charlier, médecin-vétérinaire à Reims, prouveraient assez les avantages que les cultivateurs auraient à ne conserver comme vaches non opérées que celles qui seraient appelées à la propagation et à l'amélioration de l'espèce.

Si le sel, considéré généralement comme facilitant la digestion et stimulant l'appétit, est employé dans ce but avec succès pour tous les animaux, à plus forte raison doit-il présenter de l'avantage dans l'engraissement, et l'on ne manque pas de faits qui prouvent qu'une forte addition de sel se paie en effet largement dans l'engraissement.

Du reste il faut avoir égard à la nature des aliments pour la quantité à donner; une nourriture fermentée, acide, en nécessite moins que des aliments mucilagineux, météorisants ou difficiles à digérer. Une trop forte dose affaiblirait les bêtes et leur causerait des diarrhées; néanmoins on peut, en toute sûreté, donner aux bêtes à l'engrais le double de ce qu'on donne ordinairement : la dose peut se porter de soixante à quatre-vingt-dix grammes et plus par jour selon la force de la bête.

Le sel se donne mélangé aux aliments ou dans la boisson ; on peut encore le faire lécher aux animaux, soit en pierre, soit dans des sacs de toile.

La première méthode mérite la préférence, parce que les bêtes mangent plus volontiers les fourrages imprégnés de sel.

Quelques substances amères et aromatiques, comme la gentiane, les baies de genièvre, le cumin, le carvi, le fenugrec et autres, employées de temps en temps à la dose de soixante à quatre-vingt-dix grammes par bête, peuvent favoriser l'engraissement en fortifiant les organes de la digestion. Ces moyens sont ordinairement inutiles chez les bêtes saines et vigoureuses, surtout au commencement ; mais ils peuvent présenter des avantages chez les animaux vieux, débiles ou très lymphatiques, nourris avec des fourrages aqueux et de mauvaise qualité.

Les liquides fermentés sont très convenables aux animaux soumis à l'engrais ; mélangés aux aliments, ils stimulent les organes digestifs et facilitent la digestion ; généralement ces substances sont très recherchées par les bêtes à l'engrais, ce qui fait que les résidus mal distillés sont meilleurs que les autres.

Quant aux saignées, on assure qu'elles favorisent la formation de la graisse ; elles sont applicables, règle générale, chez les animaux sanguins, vifs, principalement vers le milieu et la fin de l'engraissement, lorsque le sang est trop riche, trop considérable, qu'une congestion est à craindre vers les organes de la respiration et de la digestion, que les membranes apparentes sont injectées de couleur rouge foncé, que l'appétit se ralentit sans cause bien connue. Je crois qu'on abuse souvent de ce moyen, et c'est ce qui fait qu'on s'en trouve quelquefois mal : il en est ainsi lorsque, par exemple, on les multiplie par trop, ou qu'on étend cette pratique sur des animaux faibles, vieux, d'un tempérament mou, lymphatique, de même que chez des bêtes maigres, dont les membranes apparentes, principalement la conjonctive (membrane de l'œil), sont pâles, décolorées ; chez ces bêtes il faut être avare de perte de sang. En général, on ne doit pas prodiguer les saignées : il faut ne les employer que vers le milieu ou la fin de l'engraissement.

L'obscurité et une chaleur modérée des étables sont des moyens généralement reconnus comme favorisant l'engraissement ; et cela se comprend : une bête soumise à l'engrais doit après son repas être tranquille ; la rumination ne doit pas être dérangée, condition indispensable aux bonnes digestions. Mais de tous les agents, celui qui influe le plus après une bonne nourriture, sur un engraissement prompt et facile, c'est sans contredit la propreté, aussi bien sur l'animal même que dans les râteliers, les auges, et en général dans tout ce qui concerne la nourriture.

Une litière abondante est de toute nécessité ; elle engage les bêtes qui ont fait leur repas à se coucher, se reposer et ruminer avec plus d'aisance.

Le corps sur de la paille bien sèche conserve une chaleur uniforme, qui facilite l'harmonie de toutes les fonctions, condition indispensable à un engraissement prompt et facile.

De la saison la plus favorable pour l'engraissement.

Dans le choix de l'époque où l'on veut engraisser, on a en général quelque égard à la convenance de la saison sous le rapport de la facilité de l'engraissement ; mais on considère bien plus encore l'occasion favorable de vendre et d'acheter les bêtes, et la possession de fourrages appropriés à l'engraissement.

Il est reconnu que pendant l'été on engraisse avec peu de succès, à cause de la trop grande chaleur et de l'agitation qu'occasionne au bétail la multitnde d'insectes qui se tiennent dans les étables à cette saison.

Le froid n'est pas avantageux non plus. Néanmoins, excepté dans un climat d'une extrême rudesse, il n'est préjudiciable que lorsque les étables sont mal garanties, ou qu'on met les bêtes au pâturage pendant le mauvais temps. En résumé, la saison tempérée est sous ce rapport, de même que sous d'autres, la plus convenable à l'engraissement.

La température et la convenance matérielle d'une saison sont des considérations secondaires : ce qui doit principalement diriger l'engraisseur dans le choix qu'il fait d'une époque pour engraisser, ce sont les considérations économiques, c'est-à-dire l'occasion de vendre et d'acheter les bêtes avec profit. Or, comme à cet égard les règles varient suivant les localités et peuvent être influencées par diverses circonstances mercantiles, il est impossible de présenter des données générales sous ce rapport.

On doit aussi considérer dans cette circonstance l'époque de l'année où l'on possède la nourriture la plus convenable pour l'engraissement et en même temps la moins chère ; et enfin, lorsqu'on n'engraisse qu'en petit et qu'on n'achète pas le bétail à l'engrais, on considère aussi l'époque la plus favorable pour réformer les bêtes de *rente* que l'on destine à l'engraissement.

Les deux dernières circonstances mentionnées sont souvent en opposition avec l'occasion favorable de vendre avec profit. Ce n'est, par exemple, qu'au commencement de l'hiver que l'on réforme ordinairement et que l'on aime à se débarrasser des bêtes de peu de valeur que l'on a. Comme ce cas a lieu chez beaucoup de cultivateurs en même temps, il arrive que le bétail d'engrais baisse subitement de prix à une certaine époque de l'année, comme par exemple au commencement et vers le milieu de l'hiver, tandis que dans un autre moment son prix augmente, parce que peu d'agriculteurs se trouvent alors dans la position favorable et avec les fourrages nécessaires pour engraisser : c'est ce qui arrive assez fréquemment depuis le commencement du printemps jusque vers l'été.

Là où l'engraissement repose sur des usines, on se règle nécessairement sur l'époque où celles-ci sont en activité, et permettent alors l'engraissement à toutes les époques.

Durée et terminaison de l'engraissement.

La durée de l'engraissement et l'époque à laquelle il est plus convenable de le terminer dépendent d'abord de l'état dans lequel se trouvait le bétail lors du début, de la disposition qu'il a de prendre graisse, et enfin de la méthode d'engraissement et de l'occasion de vendre avec profit.

Une bête déjà en chair et susceptible de bien s'engraisser

peut, avec une bonne nourriture, être *fin gras* au bout de dix à douze semaines, tandis qu'une bête très maigre, vieille, ou en général d'un engraissement difficile, aura besoin du double de temps pour arriver au même point.

Il est plus difficile encore d'indiquer à quel degré de graisse on termine en général l'engraissement avec le plus d'avantage. Le boucher préfère sans doute la bête *fin grasse* à celle qui ne l'est qu'à moitié; la première contient proportionnellement plus de suif, et par conséquent peut être vendue à un prix plus élevé que la seconde; mais le principal ici est de savoir dans quel rapport est le prix avec les frais chez les deux bêtes. Sous ce point de vue, les chiffres ne seront pas toujours en faveur de l'animal *fin gras*; car une fois que les bêtes ont atteint un bon point de graisse, sans toutefois être parfaitement grasses, on s'aperçoit que l'accroissement se ralentit d'une manière bien sensible, et si d'un côté elles consomment alors une moindre quantité de nourriture qu'auparavant, en revanche elles exigent des aliments plus substantiels et plus recherchés.

Aussi trouvera-t-on généralement du profit à terminer l'engraissement dès que l'on s'aperçoit d'une diminution notable dans l'accroissement de l'animal, si toutefois il n'est pas avantageux de vendre même plus tôt, car, à part le degré d'embonpoint, il est toujours profitable de se défaire d'une bête dès que l'on en trouve un prix convenable. Il vaut mieux la remplacer par une nouvelle que de s'opiniâtrer à attendre le plus haut degré d'engraissement ou un prix déterminé. D'un autre côté, l'engraisseur est souvent obligé d'attendre plus longtemps qu'il ne le voudrait et que ne supporte l'avantage de sa spéculation, avant de trouver un acquéreur convenable.

Ceux qui s'occupent constamment d'engraisser et qui s'entendent au commerce trouvent ordinairement leur profit à vendre leurs bêtes aussi promptement que possible en se contentant d'un gain modéré : il faut seulement, dans ce cas, savoir bien acheter; alors il est bien facile de bien vendre.

Estimation des bêtes grasses.

La méthode ordinaire repose sur une grande pratique; elle consiste à juger l'animal par un coup d'œil juste, et à

déterminer approximativement sa grosseur et son embonpoint par le toucher. Un moyen plus juste, plus certain et
peu connu des cultivateurs, est la toise flamande.

Il n'est pas nécessaire de démontrer ici combien est important pour l'acquéreur et le vendeur l'art de pouvoir
estimer avec exactitude les bêtes grasses. Certains bouchers et marchands de bestiaux possèdent une telle habileté
sous ce rapport, qu'ils se trompent rarement de plus de
cinq pour cent dans l'évaluation du poids de la viande.

Il est plus difficile d'estimer la graisse intérieure (suif),
parce que les indices en sont bien moins sûrs, et que la
proportion dans laquelle elle se trouve à la viande dépend
beaucoup du mode d'engraissement.

Sous ce dernier rapport, l'engraisseur a un avantage sur
l'acquéreur; aussi les marchands bouchers intelligents ne
manquent-ils pas de prendre des renseignements sur le mode
de nourriture, et ils achètent toujours plus volontiers et
paient plus cher dans des exploitations où ils sont sûrs que
le bétail est nourri d'aliments substantiels, que partout ailleurs.

Les places où l'on tâte ordinairement pour s'assurer de
la présence de la graisse, sont : les plis de la peau au-dessous des flancs entre la cuisse et le ventre; en général, on
examine soigneusement la poitrine, les côtes, l'épine dor-
sale, les hanches, les os saillants du bassin près du départ
de la queue; et, suivant que les os sont plus ou moins re-
couverts de chair, suivant l'état souple des parties charnues, on conclut le degré d'engraissement de l'animal.

Le moyen le plus certain pour juger du poids de l'animal, moyen qui devrait être connu de tous les cultivateurs,
est la toise flamande; par cette mesure, on peut juger du
produit de la viande; ce signe est simplement dans la mesure du contour de la poitrine de l'animal. De nombreuses
expériences faites avec soin par Mathieu de Dombasle et
par d'autres agronomes sont venues prouver que le rendement en viande nette est toujours dans un rapport parfait
avec le périmètre du thorax de l'animal; à cet effet, avec
une ficelle ou un ruban divisé au moyen de nœuds en déci-
mètres, demi-décimètres, etc., on passe le ruban entre les
deux jambes de devant de l'animal, et on réunit les deux

extrémités sur le garrot : on connaît alors la circonférence de la poitrine, et cette circonférence coïncide d'une manière exacte avec le poids net de viande. Afin que le mesurage soit juste, il faut le répéter deux ou trois fois de suite, et avoir soin que l'animal soit bien posé ; les erreurs ne viennent que de la mauvaise position.

Les chiffres suivants, qui indiquent le rapport de la circonférence au poids, sont basés sur l'expérience et sur des calculs rigoureux.

CIRCONFÉRENCE.		POIDS DE L'ANIMAL.	CIRCONFÉRENCE		POIDS DE L'ANIMAL.
Mètres.	Centimèt.	Livres.	Mètres.	Centimèt.	Livres.
1	81	350	2	28	700
1	85	375	2	30	720
1	89	400	2	33	750
1	93	425	2	35	770
1	97	450	2	38	800
2	»	471	2	43	850
2	04	500	2	48	900
2	08	528	2	53	950
2	11	550	2	57	1000
2	14	575	2	61	1050
2	17	600	2	65	1100
2	20	625	2	69	1150
2	23	650	2	73	1200
2	25	670			

Cette mesure serait d'un grand secours aux cultivateurs engraisseurs ; elle servirait de base pour l'estimation du poids des bestiaux mis en vente.

Cette méthode, de même que beaucoup d'autres, demande à être pratiquée sur chaque race particulière, parce que la différence de forme influe sur les résultats que l'on obtient. (*Voir les planches* 4ᵉ *et* 5ᵉ.)

Quant au rapport du poids de l'animal en vie avec celui de chair nette, on a fait en Angleterre, en Allemagne et en France de nombreuses recherches sur ce sujet, d'où il résulte que le rapport varie suivant la taille de l'animal et son degré d'embonpoint. De ces diverses expériences il ressort en résumé la moyenne suivante :

Chaque quintal de poids en vie donne chez un animal

en chair, mais qui n'a pas encore pris   Livres en viande.   Livres en suif.
graisse (*)......................   52 à 55   4 à 5
   Chez un animal à demi-gras........   55 à 60   5 à 8
   Chez un animal *fin gras*...........   60 à 65   6 à 12

De ces diverses données, il suit que, même lorsqu'on a le poids de l'animal en vie, l'estimation juste dépend encore beaucoup de l'habileté de l'expert, surtout à l'égard du poids de la graisse et de la peau comparé à celui de la viande.

Procter Auderdon (Boussingault) a trouvé que pour un bœuf qui n'est pas absolument maigre,

   100 de poids vivant donnent...   53, 05 de chair nette.
   Pour un bœuf un peu plus gras.   55, »   —
   Un bœuf complétement gras...   61, 02   —

M. Layton Coke (Boussingault),

   Pour un bœuf maigre.........   60, »   —
   Pour un bœuf ordinaire.......   65, »   —
   Pour un bœuf gras...........   70, »   —

Ces chiffres semblent exagérés en faveur du poids de boucherie.

D'après un grand nombre d'expériences faites sur des animaux âgés d'environ deux ans, et qui se trouvaient à peu près dans les mêmes conditions, M. Stephenson a pu déterminer avec exactitude le poids de la chair après la mort. Cet éleveur s'arrête aux rapports suivants :

   Pour 100 de l'animal sur pied,

     Chair, poids net.............   65, 07
     Suif. 8, 00
     Peau.....................   5, 05
     Entrailles et dépouilles.......   28, 00

La chair (poids net) et les issues ont aussi été déterminées avec précision sur une vache abattue en présence de

---

(*) BOUSSINGAULT, *Économie rurale*, etc.

M. Mallo ; la vache était grasse et de la race Durham ; son
poids vivant était de 680 kilogrammes. On a obtenu :

	Kilog.	Pour 100 de poids vivant.
Les deux quartiers de devant pesant.	184, 5	55, 4
Les deux quartiers de derrière.....	192, 5	» , »
Le cuir.........................	28, 5	4, 2
Le suif.........................	51, 0	7, 5
Le sang........................	50, 0	7, 4
Tête, avant-membres, entrailles, etc.	173, 5	25, 5
	680, 0	100, 0

Les rapports des quantités de chair nette, de suif et de la
peau se rapprochent assez de ceux admis par Stephenson.

Sinclair donne les résultats suivants obtenus après l'abattage d'un bœuf Devonshire, âgé de trois ans et dix mois.

Poids de l'animal en vie, 704 kilogrammes 4.

	Kilog.	Pour 100 du poids vivant.
Viande de boucherie, les quatre quartiers........................	492, 5	70, 0
Cuir...........................	38, 6	5, 5
Suif...........................	65, 1	9, 2
Entrailles et sang..............	74, 4	10, 5
Tête et langue.................	16, 7	2, 4
Pieds.........................	7, 8	1, 4
Cœur, foie et poumons.........	9, 3	1, 3
	704, 4	100, 0

Il s'agissait d'un bœuf de première qualité : le rapport
auquel est arrivé M. Stephenson peut être considéré comme
se rapprochant davantage du résultat moyen fourni par
l'abattage des animaux ; et comme les nombres donnés par
cet habile observateur sont déduits d'expériences précises
et nombreuses, on peut les adopter.

————

Nota. Des notes ont été prises dans un ouvrage allemand fort estimé
De Pabst.

————

TYP. BONIEZ-LAMBERT.

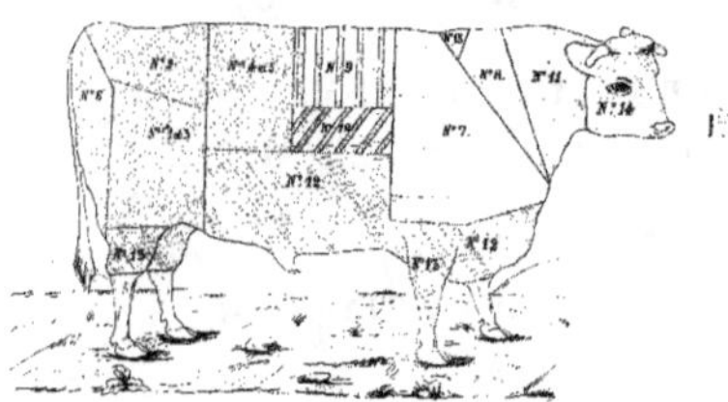

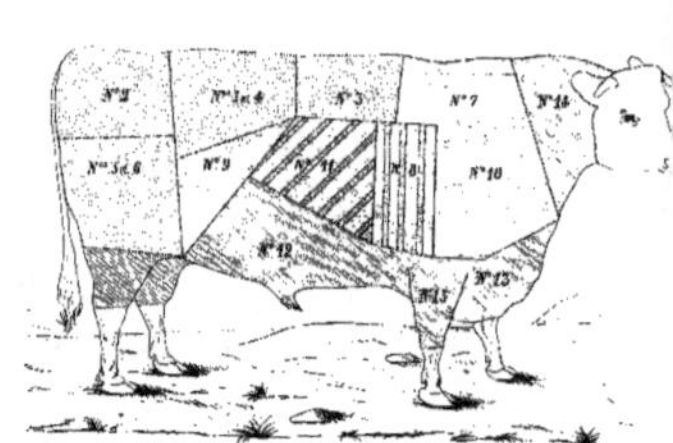

COUPES
DE BŒUFS
DE BOUCHERIE
(Comice agricole du Département : Bulletin N° 11.)

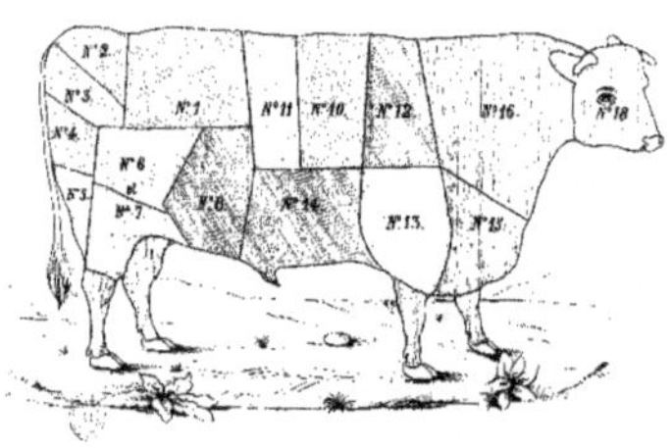